幼兒小百科·8·

暖暖心動物繪本

崔多英◎編著

U0064051

中華教育

幼兒小百科 · 8 ·

崔多英◎編著

出版 / 中華教育

香港北角英皇道 499 號北角工業大廈 1 樓 B
電話：(852) 2137 2338 傳真：(852) 2713 8202
電子郵件：info@chunghwabook.com.hk
網址：http://www.chunghwabook.com.hk

發行 / 香港聯合書刊物流有限公司

香港新界大埔汀麗路 36 號 中華商務印刷大廈 3 字樓
電話：(852) 2150 2100 傳真：(852) 2407 3062
電子郵件：info@suplogistics.com.hk

印刷 / 美雅印刷製本有限公司

香港觀塘榮業街 6 號海濱工業大廈 4 字樓 A 室

版次 / 2019 年 12 月第 1 版第 1 次印刷
©2019 中華教育

規格 / 16 開（205mm x 170mm）
ISBN / 978-988-8674-20-6

責任編輯：郭子晴　馬楚燕
裝幀設計：陳淑娟
排版：時潔
印務：劉漢舉

目 錄

美猴王駕到

孫悟空是《西遊記》裏的美猴王,那麼現實中的美猴王是誰呢?沒錯,就是人見人愛的金絲猴。

🐵 帥氣的美猴王

金絲猴是一種長得很好看的猴子,一身金黃色的毛好像披着金光閃閃的斗篷。

牠沒有鼻樑、鼻孔朝天,所以學名又叫「仰鼻猴」。

🐵 服從命令

《西遊記》裏的孫悟空因為本領大當上了美猴王,金絲猴也會推舉年長、有本事的猴子當猴王。猴王的命令就像聖旨一樣,哪隻小猴稍有怠慢就會受到懲罰。

🐵 團結友愛

　　金絲猴的家族是個團結友愛的大家庭。大猴經常給小猴梳理毛髮、捉身上的小蟲子，牠們一起找吃的、一起玩耍。

🐵 無私奉獻

　　為了防止敵人來犯，牠們還會安排哨猴「站崗放哨」。當其他猴子休息、玩耍時，敬業的哨猴依然在觀察敵情，確保整個猴羣的安全。

🐵 阿姨行為

　　小金絲猴一出生，就會引起雌性金絲猴的極大興趣。牠們整天圍着小寶寶，輪流撫摸、親吻，甚至不讓雄性金絲猴碰一下。人們把這一行為稱為「阿姨行為」。

你知道嗎？

　　滇金絲猴是唯一能生活在海拔 3000 米高山上寒冷地帶的金絲猴。

大熊貓喝醉了

大熊貓的故鄉在中國，小朋友們都非常喜歡牠。但是你們可能不知道，牠是容易「喝醉」的「國寶」。

🐼 黑白萌寶

大熊貓全身黑白相間，大大的黑眼圈遠看就像戴着一副墨鏡，可愛極了。

🐼 愛吃竹子

竹子是大熊貓最喜愛的食物，其中牠們最喜歡吃的有大箭竹、華西箭竹等 7 種竹子。

🐼 熊貓醉水

大熊貓非常喜歡喝水。有時候，牠們會在溪邊沒命地喝水，甚至撐得走不動路，像喝醉酒一樣「一醉不起」。

🐼 認路高手

每隻大熊貓都有自己的領地，選定領地後，牠們會在樹上留下爪痕或氣味，即使外出覓食，也不忘做好標記。因此，大熊貓從不迷路。

🐼 野生大熊貓住在哪兒？

野生大熊貓一般生活在高山竹林中，牠們喜歡溫涼潮濕的氣候，喜歡過獨來獨往的生活。目前，野生大熊貓已瀕臨滅絕，數量不足2000隻，非常珍貴。

大熊貓的夢想是甚麼？
答：有一張彩色照片。

7

鹿中的王子

漂亮温馴的梅花鹿，是鹿中的「王子」。

🦌 身披梅花衣

牠們棕色或橘紅色的身上，有梅花一樣的白色斑點，因此被稱為梅花鹿。雄鹿長着樹枝一樣的鹿角，角上一般有 4~5 個分叉，很威風。而雌鹿則沒有鹿角。

🦌 慈愛的鹿媽媽

小鹿出生後，只需幾個小時就能站起來，隨媽媽四處跑動。鹿媽媽對小鹿非常愛護，出樹林前，總要先四處觀察，確定沒有問題後，才把小鹿帶出來。

🦌 田徑高手

　　梅花鹿擅長奔跑、跳躍，尤其是遇到敵人時，牠們的奔跑速度快得驚人。

🦌 爭奪王位

　　每年 8~10 月，雄鹿為了爭奪「王位」，會舉行角鬥大賽。雄鹿以鹿角為武器，像「碰碰車」一樣互相撞擊。最後，鹿角沒有被撞斷的雄鹿將成為勝者。

　　事實上，所有雄鹿在每年 4 月中旬都會脫落舊角，長出新角。

你知道嗎？

　　梅花鹿天生膽小，但牠們的視覺、聽覺、嗅覺都非常靈敏，對生存的環境要求極高。如果梅花鹿能在某個地區生存繁殖，說明那裏的環境非常好。

你好，樹袋熊

樹袋熊又名考拉，是森林裏有名的「慢郎中」，從樹上爬下來找點水喝都要花費大半天時間。

邊走邊睡

樹袋熊動作慢，並不代表不耗費體力呀！不一會兒，小樹袋熊就爬累了，牠停下來休息。沒想到一眨眼的工夫，牠居然抱着樹杈睡着了！

無尾熊

趴在樹上的小樹袋熊還真像一隻憨態可掬的小熊呢，不過牠和熊沒有任何親緣關係哦！牠的尾巴早已退化成厚厚的「坐墊」，所以牠可以長時間舒適地坐着，還因此獲得了「無尾熊」的稱號。

樹袋熊嗅覺靈敏，可以分辨出不同種類的桉樹葉。
有些桉樹的樹葉是有毒的，不能採食。

🐨 口味獨特

樹袋熊只吃少數幾種桉樹的樹葉。桉樹葉營養低，纖維含量又特別高，非常難消化，對其他動物來說簡直是毒藥。但樹袋熊的消化系統早就在長期進化中完善了，桉樹葉在牠的消化系統裏能被最大程度地消化吸收。

你知道嗎？

說起睡覺，樹袋熊可是個無可救藥的傢伙，牠每天都要至少睡上 18 個小時呢！平時，樹袋熊身體裏 90% 的水分都能直接從食物中獲取；只有生病或乾旱時，牠們才喝水，以加快新陳代謝。

小小的狐狸，
大大的狡猾

很多人都知道，狐狸是狡猾的代名詞。
當然，說牠狡猾是有根據的。

🦊 天生的「演員」

狐狸怎麼突然倒在地上了呢？原來牠在表演「裝死」。一旦發現敵情，又來不及逃離，狐狸會立即往地上一躺，心臟也停止了跳動。狼或老虎等大型食肉動物跑過來一看，以為狐狸死了，肉吃起來也不新鮮了，就會轉身離開。

🦊 機警的「偵探」

　　狐狸是機智的偵探。牠們會偷偷跟蹤獵人，
獵人設好陷阱離開後，牠們會在陷阱旁留下一種
特殊的氣味，提醒其他同伴避開這裏。

你知道嗎？

　　狐狸吃危害農田
的田鼠、黃鼠、倉鼠
等，所以狐狸對農業
生產是有保護作用的。

13

團結的狼族

狼族是一個強大而團結的羣體。狼族中最出色的狼會成為狼王，小狼則會得到大家的呵護。

長相凶狠

狼長着鋒利的尖牙，豎着三角耳，眼睛如同黑暗中的火光，明亮閃爍。

捕獵高手

狼善於奔跑，耐力很好。看準一隻獵物，牠們會窮追不捨，直到獵物跑不動了，再一起圍攻牠。因此，很少有動物能逃脫狼羣的追捕。

狼羣擁有嚴格的等級制度和領域範圍，一隻狼如果不小心進入其他狼羣的領域，很可能會被狠狠教訓。

14

🐺 分工明確

　　一個狼羣就是一個大家庭。狼羣中的任何成員都要聽從狼王的決定。母狼負責撫育小狼，公狼負責打獵。牠們會將獵物撕咬成碎片，吃進腹內，待回到小狼身邊時，再吐出來餵小狼。

🐺 善於交流

　　狼雖然兇狠無比，卻非常善於交流。狼羣成員之間會使用嚎叫、用鼻尖互相觸碰、用舌頭舔、搖尾巴等方式，或者利用氣味，向同伴傳遞信息。

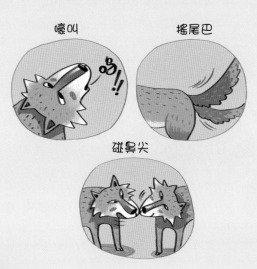

嚎叫　　搖尾巴

碰鼻尖

你知道嗎？

　　狼雖然是很多動物的敵人，但牠們在平衡生物鏈方面的作用非常大。因此，狼是世界上不可缺少的動物種羣。

15

威風的虎大王

謎語：「山中一大王，身上穿花襖。雖然沒兵將，一叫誰都慌。」——你猜到謎底了嗎？答案就是威名遠揚的百獸之王——老虎。

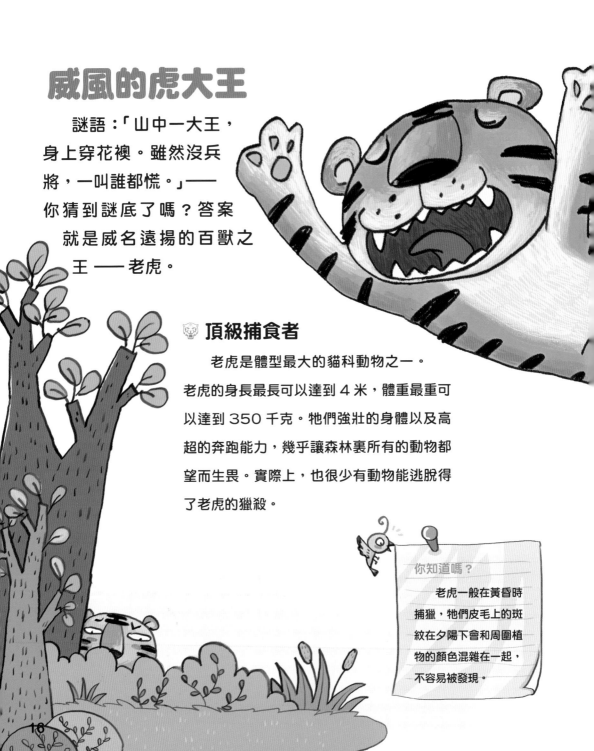

頂級捕食者

老虎是體型最大的貓科動物之一。老虎的身長最長可以達到 4 米，體重最重可以達到 350 千克。牠們強壯的身體以及高超的奔跑能力，幾乎讓森林裏所有的動物都望而生畏。實際上，也很少有動物能逃脫得了老虎的獵殺。

你知道嗎？

老虎一般在黃昏時捕獵，牠們皮毛上的斑紋在夕陽下會和周圍植物的顏色混雜在一起，不容易被發現。

🐯 武器隨身帶

　　老虎是兇猛的大型肉食動物。鋒利無比的爪子和堅硬如鐵的牙齒，是老虎最有力的兩種隨身「武器」。此外，老虎的尾巴也很厲害，使勁一掃，甚至可以打倒一隻狼。

這是我的地盤！

🐯 離牠遠一點

　　老虎一般喜歡獨居，並且領地意識很強。牠們多用自己的尿液在領地邊界做標識，用氣味來警告其他動物：「虎大王的領地，不容侵犯！」

17

蟈蟈和山雀的鬥歌比賽

　　蟈蟈是天生的音樂家。牠正忙着為音樂會做準備呢。牠跳上一片灑滿陽光的樹葉，頭頂的兩隻觸角有節奏地晃動着。

　　「唧唧！」音樂會開始了，音樂聲時而清脆洪亮，時而低沉舒緩，太美妙了！

　　樹上的大山雀被吵醒了，牠「呼啦」一下飛了出來，亮開清脆的嗓子「唧唧」叫了兩下，算是示威。

　　蟈蟈唱得正高興，突然被打斷了，當然不服氣。於是，牠表演得更起勁了。大山雀也毫不示弱，一瞬間，響亮的鳴叫聲此起彼伏。

熱鬧的台下聽眾

　　動物們都出來欣賞音樂會，黃鼠狼也來了。這時，牠發現了一隻小斑羚。黃鼠狼高興極了，牠悄悄地俯下身，觀察着小斑羚的動作，想等小斑羚走過來，再迅速出擊、抓住牠。

　　小斑羚的聽覺和嗅覺靈敏極了，牠察覺到危險，往森林裏走了幾步，突然停下腳步迅速掃視了一下四周，便轉身離開了。

　　黃鼠狼連忙追上去，小斑羚也加快了速度，一時間，牠們你追我趕，好熱鬧呀！

　　小斑羚跑到懸崖邊，一縱身跳了過去。黃鼠狼站在懸崖邊，眼睜睜地看着小斑羚越來越遠，只能乾着急。牠失望地叫了幾聲，然後離開了。

獅子王朝

非洲大草原的早晨，在獅子持續的咆哮聲中迎來新的一天。

🦁 王者風範

年輕的獅王長着一頭深棕色的鬃毛，十分威風。牠高大強壯的身軀、又粗又長的尾巴，都具有一種王者風範。

🦁 遠離獅子

獅王用一陣咆哮，告訴其他獅羣及別的動物，牠的領土不容侵犯，隨後就開始了領地巡遊。牠一邊走，一邊不斷將尿液撒在灌木叢、草地上，來宣告牠的領地範圍。每個標識都透着這樣的警告信息：請勿靠近，否則格殺勿論！

很少有別的動物敢不顧這樣的警示

而冒險進犯。牠們深知獅子迅疾而兇猛的捕殺能力，鋼刀般鋒利的牙齒，可像彈簧刀一樣靈活出擊的利爪，都可以在一瞬間就要了牠們的命。所以，遠離獅子是明智之舉。

各司其職

成年雄獅負責保衛家園，雌獅負責捕獵。小獅子會受到整個獅羣的保護和照料，牠們在玩耍中學習捕獵技能，不斷成長。

你知道嗎？

獅子一旦吃飽了，五六天都不用捕食。

長頸鹿的煩惱

高高的長頸鹿在草原上悠閒地吃着樹葉，看起來就像一棵棵移動的「大樹」。

🦒 祖先不是長脖子

長頸鹿的祖先並不高。由於發生自然災害時，地上的草越來越少，牠們必須伸長脖子才能吃到高樹上的葉子，久而久之，長頸鹿就變成了現在這樣。

🦒 無敵大長腿

長頸鹿身高腿長。牠們的四肢可前後左右全方位踢打，比跆拳道高手還厲害！成年獅子如果不幸被踢中，也會立刻腿斷腰折。

🦒 大大眼睛看得清

長頸鹿的大眼睛像望遠鏡一樣，遠處有敵人，牠們可立即發現。因此，即便是兇猛的獅子、獵豹等，一般情況下也傷不到長頸鹿。在牠們還沒接近時，發現敵情的長頸鹿早就逃遠了。

🦒 長得太高也麻煩

大長腿也會給長頸鹿帶來煩惱，牠們喝水時必須前腿「劈叉」，或者跪在地上。這樣很不方便，還可能讓敵人乘虛而入！因此，低頭喝水的長頸鹿會時不時抬起頭來四處觀望，確保周圍很安全。

你知道嗎？

長頸鹿可高達 4.8～5.5 米。中國著名籃球運動員姚明身高 2.26 米，也就是說，兩個姚明疊起來，也不如一頭長頸鹿高。

温厚的長鼻子先生

大象是陸地上最大的動物，牠們性格溫馴，智商也很高，是人類的好朋友。

大象的祖先叫始祖象

很久以前，始祖象的鼻子還沒有那麼長，牠們主要吃地面上的植物。後來，地上的草越來越少，大象只能吃高處的葉和果實。為了吃到高處的樹葉，牠的鼻子就越變越長了。

多功能的長鼻子

大象的長鼻子最神通廣大，像人的胳膊和手一樣靈活，能輕鬆將食物和水送到嘴裏。大象游泳時，長鼻子能插在水面上，當呼吸管道用。另外長鼻子還能聞味道、噴水淋浴、戰鬥、驅蚊……用處真是太多啦！

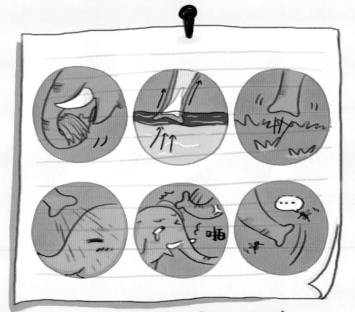

溫馴善良的性格

大象性情溫馴，很少去惹別的動物。當然，如果有誰主動招惹牠，也不會有好果子吃。大象非常善良，如果家族中有成員死了，其他成員會為牠默哀，用鼻子不斷觸摸牠，直到確定牠真死了，才依依不捨地離去。

你知道嗎？

大象的壽命都很長，一般能活 60 歲以上。

誰說大象怕老鼠？

其實大象一點也不怕老鼠。大象只要一抬腳，就能把小小的老鼠踩死。即使老鼠鑽進大象的鼻子裏也沒關係，大象只要使勁噴氣，就能把鼻子裏的東西噴出去，老鼠根本不可能堵住大象的呼吸。

時尚的斑馬

　　身穿條紋衫的斑馬住在草原上，和動物之王獅子是鄰居。斑馬天生熱愛自由，人類無法馴服牠們，所以，斑馬是不能騎的。

黑白條，超時髦

　　斑馬身上布滿黑白條紋，就像穿着迷彩服、混在動物羣中的偵察兵，讓人難以覺察。斑馬的斑紋，可不僅是為了好看，而是一種很好的偽裝，能達到隱藏自己、迷惑敵人的目的。

> **你知道嗎？**
>
> 　　斑馬跑得很快，而且很有耐力。遇到緊急情況，牠們還會使出殺手鐧：馬後腿。一匹斑馬即使在奔跑中，使出的「馬後腿」也能一下踢倒一頭獅子。

邁開步，準備逃

斑馬在埋頭吃草時，也不忘支起長長的耳朵，探聽四周的動靜，或不時抬起頭觀察。一旦感覺有危險，牠們會馬上發出一種類似雁叫的聲音，一邊警示同伴，一邊撒開蹄子就跑。

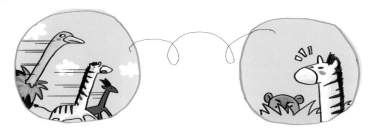

條紋衫，晃暈你

獅子在捕獵斑馬時，常常會因為跑動在斑馬羣裏，被無數條晃動的黑白條紋搞得頭暈眼花，失去攻擊目標。斑馬因此逃過一劫，幸運生存下來。

跳躍精靈
藏羚羊

　　藏羚羊的四肢勻稱有力，身體靈巧，在陽光下奔跑起來，就像是流動的光。

 高原精靈

　　藏羚羊體格健壯，全身長滿了濃密的毛，很耐寒冷。牠們的每個鼻孔裏都有一個小囊，這使牠們在空氣稀薄的高原上也能順暢地呼吸。

奔跑健將

藏羚羊大多生性膽小，但非常機敏，並且善於奔跑。牠們常常成羣結隊，在雪後的大地上，一排排快速奔跑、躍動。

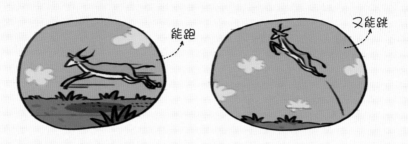

能跑

又能跳

羚羊返鄉

可可西里是藏羚羊的故鄉。每年五、六月份，懷孕的雌藏羚羊，無論身在何處，都會趕回可可西里準備分娩。牠們會在那裏產下幼崽，然後帶領幼崽再一次離開，返回越冬地，去與雄羚羊匯合。

你知道嗎？

雄藏羚羊的臉是黑色的，腿上也有黑色的標記。與雌藏羚羊最明顯的區別是，牠們長着一對高高豎起的長尖角，可作為爭鬥、禦敵的武器。

大嘴巴河馬

河水氾濫過後，陽光照射着大地，天氣悶熱。一個龐然大物正從河裏游來。牠時而潛入水中，時而露出水面。哇，是隻河馬！

🐾 奇特的五官

河馬體長三、四米，四肢短粗，身體圓胖得像個桶。河馬的鼻孔、眼睛和耳朵全長在頭頂，幾乎構成一個平面，這樣，當牠們泡在水裏的時候，不用抬頭就能呼吸。

🦛 鋒利的牙齒

河馬張開血盆大口，打了一個哈欠。牠的尖牙像明晃晃的匕首，十分鋒利，估計甚麼都咬得動吧！

🦛 河馬要避暑

天氣實在太熱了，河馬身上沒有汗腺，牠只有將身體泡在水裏，才能避暑。

你知道嗎？

河馬離開水時，牠們身上的水分就會很快蒸發掉，從而導致皮膚過分脫水而乾裂，所以河馬只能長時間生活在水裏。河馬皮很厚，皮的裏層是厚厚的脂肪，這使牠們可以毫不費力地在水中漂浮起來。

近視眼犀牛

　　體型威猛的犀牛居然是近視眼，眼前不動的東西牠幾乎都看不清。

黑犀牛和白犀牛

　　非洲的草原上，生活着黑犀牛和白犀牛，牠們都吃草，看起來笨頭笨腦的。實際上，牠們生性殘暴，尤其是黑犀牛，牠會主動攻擊動物，直到用尖角頂死對方才罷休。

厲害的犀牛角

犀牛的模樣像牛，角卻長在鼻樑上。牠們皮厚毛稀，腿粗如柱。犀牛角是極其厲害的武器，多有一長一短兩個角，上下排列。

可惜是近視眼

我們知道，犀牛非常兇殘，可是，犀牛為甚麼會讓花鴿在牠的腳下吃蟲子呢？原來，這兇猛的傢伙是個地道的近視眼，而且還是深度近視，眼前的靜物牠幾乎看不到！

犀牛的盔甲

犀牛身上的皮既厚又硬，像穿了一件盔甲，總是流汗不止，消耗了體內的不少水分，因此，犀牛的飲水量很大。不過，盔甲是不可缺少的，不然，犀牛哪有資本橫衝直撞！

你知道嗎？

有一種犀牛鳥，專門棲息在犀牛身上，替牠捉皮毛上的寄生蟲。

33

仙鳥的樂園

丹頂鶴的天堂

人們很喜歡丹頂鶴，並稱牠們為「仙鶴」。

丹頂鶴有「三長」：長腿、長脖子、長嘴。全身黑白分明，頭戴一頂鮮紅色的「帽子」，非常美麗。

丹頂鶴一般能活 20~30 年，有的甚至能活 50~60 年。因此，「仙鶴」自古以來就被人們看作長壽的象徵。

每天清晨或黃昏，丹頂鶴會伸長脖子，發出清脆嘹亮的叫聲，與其他成員「以歌會友」。丹頂鶴還會伴着有節奏的洪亮叫聲，半展着雙翅翩翩起舞，舞姿十分優美。牠們是天生的藝術家。

丹頂鶴一年會換兩次羽毛，就像人在春末換上夏裝、在秋末改穿冬裝一樣。

美麗的天鵝湖

　　天鵝是一種美麗的水鳥，主要有黑、白兩種顏色。白天鵝的羽毛像雪一樣潔白，長長的脖子有身體的一半那麼長，在水中游動時會彎成優美的「S」形，顯得高貴優雅，帶給人們無限美好的想像。

　　雖然天鵝美麗，但遇見牠們時，只能遠遠欣賞，千萬不要打擾牠們平靜的生活，更不要去侵犯牠們。要不然，也許有一天牠們就會悄然離開。

　　天鵝喜歡棲息在湖泊和沼澤地帶，以水生植物為食。眾所周知，天鵝是一種忠貞的鳥，牠們堅持「終身伴侶制」，一旦一隻不幸死亡，另一隻將終生「守節」。

沙漠中的行者

沙漠之舟

駱駝有着「沙漠之舟」的美名。對於牠們來說，在大沙漠裏活動就如同走在平地上一樣輕鬆。那麼，牠們是靠甚麼本領在沙漠中自由行走的呢？

🐫 全身都是寶

駱駝的耳朵裏有毛，能阻擋風沙進入耳朵；厚厚的雙眼皮和濃密的長睫毛，能阻擋風沙進入眼睛；牠們的鼻子還能自由關閉，以阻擋風沙進入鼻子。駱駝的腳掌又扁又平，腳下長着又厚又軟的肉墊子，使得牠們可以在沙地上自由行走，不必擔心陷入沙中。

沙棘可是我的最愛！

你知道嗎？

駱駝有三個胃，每個胃的功能不同，能幫牠們更好地吸收養分。

🐫 長長的睫毛

別看駱駝一副憨憨的樣子，牠的面部表情很可愛呢！瞪着兩隻大眼睛，睫毛超長；努起的嘴上揚着，彷彿在對你微笑。

🐫 駝鈴響叮噹

商旅駝隊裏的駱駝，脖子上掛着金色的響鈴，牠們能馱人也能運貨。每次準備穿越沙漠前，主人會餵牠們大量的水和食物。駱駝將大部分的食物和水儲存在駝峯裏，這樣即使五、六天不吃不喝，牠們也能有良好的體力。

不會飛的鴕鳥

　　鴕鳥是世界上最大的鳥。粗壯的雙腿，支撐着龐大的身軀；長長的脖子上，長着一個小小的頭，顏色灰撲撲的，有點醜。

奔跑的大長腿

　　鴕鳥跑得非常快，這多虧了牠們的大長腿。牠們跨一步，人得走七八步。飛奔中的鴕鳥，還能邊跑邊拍動翅膀，一邊扇風助力，一邊給自己散熱，一舉兩得。

壯

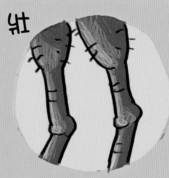

這些都是鴕鳥喜歡的食物

葉

花

種子

小動物

最大的鳥蛋

鴕鳥的蛋是世界上最大的鳥蛋，顏色有點像鴨蛋，重量超過 1 千克（相當於 16 個雞蛋那麼重），蛋殼非常堅硬，能經受住一個成年人的體重。

靈活的長脖子

鴕鳥的脖子又長又靈活，而且步幅很大。所以，沙漠裏雖然食物稀缺，牠們仍然能輕易找到它們。牠們不但吃植物的花、葉、種子，還吃一些小動物呢。

你知道嗎？

不啄食的時候，鴕鳥喜歡將頭埋進沙裏。鴕鳥這樣做，一方面可以利用地面傳聲，聽得更遠；一方面可以放鬆頸部的肌肉，休息休息。

當心眼鏡蛇

眼鏡蛇是世界上最毒的蛇之一。牠的背部有一對黑白斑，好像戴了一副眼鏡 —— 因此被稱為「眼鏡蛇」。

致命毒牙

眼鏡蛇長着兩顆長長的毒牙，一旦咬住動物，毒牙就會像針管一樣，把毒素迅速注入獵物的體內。

爬樹高手

眼鏡蛇的身長將近 2 米，動作非常靈敏。這傢伙可是爬樹高手，沒兩下就爬到了高處的鳥巢邊。眼鏡蛇常常豎起三分之一的身體，向敵人示威。牠的毒性很大，要是不小心被牠咬傷，一小時之內就會死亡。

你知道嗎？

在印度，耍蛇人會吹一種特殊的笛子，讓眼鏡蛇「翩翩起舞」。眼鏡蛇跳舞的時候非常優雅，就像天生的舞蹈家。

別來惹我

眼鏡蛇以捕食老鼠、蜥蜴、鳥類等小型動物為生。實際上，眼鏡蛇並不會主動攻擊人類，牠們只是戒備心很重。

滾動的刺球

刺蝟是一種非常喜歡安靜的動物，牠們怕光、怕熱，膽子很小，容易受驚。牠們不喜歡別人打擾牠們的生活。

一隻小刺球

一隻沙貓發現地上有一團好玩的小絨球，牠想將小絨球撥過來玩。剛一伸爪，沙貓好像被甚麼扎了一下，疼得牠趕緊縮回了爪子。原來，這團小絨球，可不是真正的絨線團，而是渾身佈滿尖刺的小球。沙貓覺得牠一點兒也不好玩，無趣地走開了。

甚麼情況？

喵！

🦔 惹我，就扎你！

等沙貓走遠了，那團小刺球突然動起來，漸漸舒展開，露出了一對小眼睛和長長的小鼻子，還有短短的小尾巴 —— 原來這是一隻可愛的小刺蝟。小刺蝟邊走邊哼哼，好像在說：「當我好欺負啊，我可是渾身長刺的，惹我，我就扎你！」

🦔 好多刺哦

小刺蝟身上有 100 多根刺，這些刺一開始非常柔軟。然而，要不了多久，牠身上的刺就會逐漸硬化，變得像一根根鋼針，十分厲害，嚇得一般的動物都不敢欺負牠啦！

嬰兒期棘刺柔軟。　　成長中　　在成長到成熟期後，棘刺逐漸變硬。

媽媽，我怎麼甚麼都看不見？

你知道嗎？

小刺蝟出生後的前兩週，甚麼也看不見，全靠媽媽照顧。

43

空中殺手游隼

蔚藍的天空中，一隻游隼從雲端衝出來，雙翼快速地扇動了一會兒，隨後張開雙翼，在空中滑翔起來。

矯健的身姿

游隼的身手在鳥類中可非同一般。由於經常在高空中捕食，游隼的捕食速度比一般的猛禽快很多，因為牠的翅膀相對比較狹窄，尾羽也比較短。

翅膀相對狹窄　　尾羽短

75~100 米每秒

空中子彈

游隼還有一個「空中子彈」的稱號。當獵物出現的時候，牠便快速上升到空中，佔領制高點，然後雙翅快速地折起，讓翅膀上的飛羽和身體平行，接着，將頭伸縮到肩部，以每秒鐘 75~100 米的速度，呈 25 度的角度，向獵物猛撲下來。當以 45 度角俯衝的時候，游隼的速度可以達到每小時 350 公里。

🦅 捕獵過程

　　游隼的眼睛眨也不眨，地面上的一切活動都盡在牠的掌握中。一隻毛腿沙雞在水邊喝水，游隼換了個滑翔的姿勢，朝着毛腿沙雞的方向急速滑翔着，並且密切地注視着對方。

　　游隼在空中把位置調整到最佳，而後，牠張開翅膀，悄無聲息地朝地面猛衝過來。褐色的影子在空中「嗖」地一閃，游隼已經到了地面，並給了毛腿沙雞致命一擊。游隼用利爪死死抓住毛腿沙雞，緊接着用尖硬的鳥嘴啄住牠的脖子，後趾一抓，把牠提到了空中。毛腿沙雞掙扎了一會兒，便奄奄一息了。

你知道嗎？

　　游隼主要棲息於山地、丘陵、半荒漠、沼澤與湖泊沿岸地帶，也在開闊的農田、耕地和村莊附近活動。分佈甚廣，幾乎遍佈於世界各地。

夜晚的精靈

「夜行俠」蝙蝠

夜幕降臨了。喜歡白天活動的動物們都回家了。不過,動物界還有一些「夜行俠」,牠們最愛在夜間活動。蝙蝠就是一個典型的「夜行俠」。

餓了一天啦,蝙蝠們都出來找吃的了。昆蟲是牠們的主食,牠們偶爾也會吃野果或花蜜。

瞧,蝙蝠飛得多自在啊!好像早就探查好了所有的地形,根本不用擔心撞到甚麼東西,這是為甚麼呢?原來,牠們是靠超聲波探路的。

大靈貓出動了

寂靜的夜晚,大靈貓悄悄出發了。牠輕輕地踩着落葉,一邊走、一邊將香囊分泌的靈貓香塗抹在沿途的樹幹、巖石等突起的物體上,這是大靈貓在劃分領域。靈貓香是不是很香呢?錯,靈貓香奇臭無比。其他動物只要聞到這種氣味,就會遠遠避開。

大靈貓是個全能的獵手。牠既能深入水裏抓魚,又能爬到樹上捉蟲。一條青色的大蟲子正趴在那兒,大靈貓輕手輕腳地爬過去,瞅準時機,伸長脖子,轉眼間,青蟲已經被牠送進嘴裏,「嚓嚓」吃掉了。

遊戲時間

歡樂的動物王國

快來給小動物們塗上美麗的顏色吧！